"贵州乡村振兴"书系获
贵州出版集团有限公司出版专项资金
资　助

"农·村·健·康·生·活·知·识·手·册"丛·书

农村常见自然灾害

应对与自救知识手册

贵州省疾病预防控制中心 / 编

余昭锐 汪姜涛 / 主编

贵州出版集团
贵州科技出版社

·贵阳·

图书在版编目（CIP）数据

农村常见自然灾害应对与自救知识手册 / 贵州省疾病预防控制中心编；余昭锐，汪姜涛主编. —— 贵阳：贵州科技出版社，2023.5

（"农村健康生活知识手册"丛书）

ISBN 978-7-5532-1226-5

Ⅰ.①农… Ⅱ.①贵…②余…③汪… Ⅲ.①农村—自然灾害—灾害防治—手册 Ⅳ.①X43-62

中国国家版本馆CIP数据核字(2023)第121317号

农村常见自然灾害应对与自救知识手册

NONGCUN CHANGJIAN ZIRAN ZAIHAI YINGDUI YU ZIJIU ZHISHI SHOUCE

出版发行	贵州出版集团　贵州科技出版社
地　　址	贵阳市观山湖区会展东路SOHO区A座（邮政编码：550081）
出 版 人	王立红
经　　销	全国各地新华书店
印　　刷	贵州新华印务有限责任公司
版　　次	2023年5月第1版
印　　次	2023年5月第1次
字　　数	43千字
印　　张	2.375
开　　本	787 mm × 1092 mm　1/32
定　　价	12.00元

"贵州乡村振兴"书系编委会

主　　编：宋宝安

常务副主编：（按姓氏笔画排序）

冉江舟　冯泽蔚　苏　跃　杨光红　何世强　陈嬢嬢　孟平红

副　主　编：（按姓氏笔画排序）

刘　涛　许　杰　李正友　杨　文　余金勇　张效平　胡远东
曹　雨　戴　燚

编　　委：（按姓氏笔画排序）

王家伦　文晓鹏　邓庆生　石　明　冉江舟　付　梅　冯泽蔚
吕立堂　朱国胜　乔　光　任　红　刘　涛　刘　锡　刘　镜
许　杰　苏　跃　李　敏　李正友　李祥栋　杨　文　杨光红
何世强　余金勇　余常水　邹　军　宋宝安　张　林　张文龙
张廷刚　张依欲　张效平　张福平　陈　卓　陈泽辉　陈嬢嬢
孟平红　赵大琴　胡远东　钟　华　钟孟淮　姜海波　姚俊杰
秦利军　曹　雨　龚　俞　章洁琼　董　璇　曾　涛　雷　阳
蔡永强　燕志宏　戴　燚

"农村健康生活知识手册"丛书编委会

主 编：杨光红 刘 涛
副主编：李进岚 周光荣 叶新贵 郭 华
编 委：（按姓氏笔画排序）

王艺颖 韦 杰 叶新贵 冯 军
吉 维 朱 玲 任豫晋 向 杰
刘 涛 刘 浪 李进岚 李海蛟
杨 静 杨光红 吴延莉 吴明军
何昱颖 余丽莎 余昭锐 汪姜涛
宋鸿碧 张 佼 张 骥 张益霞
陈 琦 陈慧娟 罗成功 周 婕
周亚娟 周光荣 赵否曦 胡远东
姚蕴桐 贺瑶瑶 徐莉娜 郭 华
蒋茂林 嵇云鹏

总序

"贵州乡村振兴"书系诞生于如火如荼实施的"乡村振兴"战略大背景之中，从立意、策划、约请作者、编辑书稿、整体设计，直至当前首批成果即将付梓，时间已过去三年。三年中，书系历经多次思路的调整和具体方案的修改，人事也多有变更，但书系所有参与者为乡村种植、养殖产业发展提供技术服务，为乡村生态文明建设提供价值引领，为乡村振兴取得新成果进行总结与宣传的"初心"，迄今没有改变。

编辑出版"贵州乡村振兴"书系，主要目的是让最前沿的科学知识和成熟的实用技术尽快转化为解决实际问题的要素和生产力提升的推进器，伴随着"贵州乡村振兴"书系抵达田间地头，"飞入寻常百姓家"。在中国这样有着悠久历史的农业大国，农业科学技术日新月异，不断地推动着种植业、养殖业的发展；与此同时，我国是人口大国，为人民健康保驾护航的医学同样发展迅速。快速发展意味着科学知识、实用技术更新迭代的加快，只有使用最新的成熟技术和知识，才能为贵州产业发展、生态环保、健康生活提供保障，满足广大群众的期盼和渴求。书系中的各个板块，都力图将相关领域最新科学知识和技术化繁为简、化难为易，让阅读该书的广大群众尽快掌握和运用。

在形式上，书系以图文搭配、图文互彰的活泼形式，让严谨的科技知识更易被普通群众接受。书系的主要服务对象为活跃在田间地头的科技特派员、村里的种植户与养殖户（包括合作社、公司等负责人）、农村特殊人群（如患常见疾病的病人、职业病病人、孕产妇、老年人、儿童等）、驻守一线的村干部、返乡大学生、农技员等，如何将正确的理念、前沿的知识、优秀的技术"接地气"地传达给他们，经调查研究、试验、甄别，参考优秀"三农"图书，最终，我们采用科普读物、学术专著兼具，但对科普有所偏重的组织架构。其中，科普读物采用清晰明了的图片配合简明易懂的文字这一出版形式：文字简洁，可以让读者直接抓住实用知识和信息，不走弯路，节省时间；清晰的图片、图示，既可将方块字、数据蕴含的信息图像化、可视化，又能丰富和补充文字信息，甚至呈现出由于文字自身的模糊性而无法清楚传递的信息。活泼的设计也有助于调节视觉疲劳和阅读节奏，让纯粹以获取知识和技能、解决问题和困难为目的的阅读不再枯燥乏味。此外，书系中大部分图书采用了口袋书设计，便于携带。

书系的作者，都是在相关领域有扎实功底的。在种植、养殖板块，我们邀请了从事教学和研究多年的专家，以及长期深入田间地坎指导具体操作的科技特派员和农技员；在健康板块，作者们都从医多年，对于农村人群健康素养水平的提升、常见疾病的防治等经验丰富；在农村"五治"（治垃圾、治厕、治水、治房、治风）板块，我们邀请了从事规划和教学的专家……总之，书系作者对自己研究的领域既有扎实研究，又熟悉贵州的气候、资源禀赋、地形地貌、生态环境等，与此同时，他们还十分了解这片土地上生活着的人们内心的期待和需求，有着以自身所学所研回馈这片土地的质朴赤子情，也有着"将论文写在大地上"的奋斗精神。

"贵州乡村振兴"书系目前包含"生态农村建设系列"丛书、"农村健康生活知识手册"丛书、"茶叶栽培加工技术手册"丛书、"特色中药材种植养殖技术手册"丛书、"林木作物、农作物种植技术手册"丛书、"畜禽养殖技术手册"丛书、"水产生态养殖技术手册"丛书、"农技员培训系列"丛书等。随着乡村振兴这一战略的实施，我们也将适时新增板块，以配合和助力贵州乡村振兴的强力推进。当然，虽名为"贵州乡村振兴"书系，主要是为配合贵州乡村振兴工作而策划，但也适用于国内其他部分省（区、市）。

贵州曾是全国脱贫攻坚主战场，当前则是全国"乡村振兴"战略实施的主战场，统筹城乡一体发展的任务十分艰巨。

希望"贵州乡村振兴"书系的推出,可以切实助力于"新型工业化、新型城镇化、农业现代化、旅游产业化"战略目标的实现,乃至助力于建设社会主义现代化强国和实现中华民族伟大复兴。

是为序。

中国工程院院士
贵州大学校长

序

提升农村群众健康素养水平是实施乡村振兴战略的重要前提，是农村经济社会发展的重要基础，是巩固拓展脱贫攻坚成果的重要保障。2021年，中央一号文件《中共中央 国务院关于全面推进乡村振兴加快农业农村现代化的意见》专门提出：全面推进健康乡村建设，加强妇幼、老年人、残疾人等重点人群健康服务，加强对农村留守儿童和妇女、老年人以及困境儿童的关爱服务。2022年，《国务院关于支持贵州在新时代西部大开发上闯新路的意见》（国发〔2022〕2号）进一步提出：推进健康贵州建设，提升基层卫生健康综合保障能力。2023年，《中共中央 国务院关于做好2023年全面推进乡村振兴重点工作的意见》提出：加强农村老幼病残孕等重点人群医疗保障，最大限度维护好农村居民身体健康。

我国现有5亿多农村人口，其中外出务工人员，以及留守老人、留守儿童等特殊人群占很大比例。贵州省疾病预防控制中心的监测数据显示，贵州农村人群的死亡率高于全国及西部平均水平，因慢性病导致的死亡人数占农村全部死亡人数的84.0%。2018年，贵州农村居民接受健康体检的比例仅有32.2%，低于城市地区比例（41.0%），而高血压、糖尿病等慢性病的患病率，农村与城市已没有差异。

如何做好巩固拓展脱贫攻坚成果和乡村振兴的有效衔接，如何推进健康乡村建设，开展健康知识的普及与宣传，增强农村群众的文明卫生意识和健康素养水平，是巩固拓展健康扶贫成果、实施乡村振兴战略的重要课题。

欣闻"贵州乡村振兴"书系即将出版，其中由贵州省疾病预防控制中心牵头编写的"农村健康生活知识手册"丛书以图文并茂的形式，围绕当前农村地区的常见病、多发病以及广大农村群众关心的健康问题，不仅介绍了高血压、糖尿病等常见病的防治知识，老年人、儿童、孕产妇等重点人群的健康管理方法，农村常见毒蘑菇识别要点，农村常见意外伤害、自然灾害防治知识等，还对农村群众就业、就医中急需的职业病防治、医保政策要点以及合理用药、免疫接种、膳食营养等知识进行了科普宣传，内容深入浅出，文字通俗易懂，契合农村群众的实际需要。这种形式的健康科普非常符合世界卫生组织提出的"将健康融入所有政策（Health in All Policies，HiAP）"的方针，必能为提升广大农村群众的健康素养水平发挥积极的作用。

衷心祝愿阅读该丛书的广大农村群众，更加健康，更加幸福！

2023年2月1日

（吴静为中国疾病预防控制中心慢性非传染性疾病预防控制中心主任，研究员）

目　录

第一篇	洪水来了怎么办？	01
第二篇	泥石流来了怎么办？	15
第三篇	地震来了怎么办？	23
第四篇	火灾来了怎么办？	37

第一篇

洪水来了怎么办？

农村常见自然灾害应对与自救知识手册

什么是洪水？
什么是洪灾？

洪水，是暴雨、急剧融冰化雪、风暴潮等自然因素引起的江河湖泊水量迅速增加，或者水位迅猛上涨的一种自然现象，是自然灾害中的一种。

洪灾，即洪水造成的灾害。

洪灾是威胁人类生存的十大自然灾害之一。在我国，洪灾发生频率高、危害范围广，对国民经济的影响最为严重。

贵州洪灾主要分为山洪型、河道满溢型、岩溶洼地内涝型3种类型。其中，山洪型由于突发、暴涨、流速大、挟带泥沙甚至石块、容易诱发泥石流等因素，破坏力极大，造成的损失也最大。

洪水来了怎么办?

导致洪灾频发的主要人为原因 ★

★ 围湖造田。

★ 胡乱开垦耕地。

★ 草原放牧过载,草原荒漠化。

★ 乱砍滥伐,森林水土流失严重。

洪水引发的常见危害有哪些？

- ★ 洪水直接淹没房屋、农田等，致使灾民死亡。
- ★ 洪水冲击建筑物，建筑物倒塌，致使灾民伤残甚至死亡。
- ★ 洪灾引发饥荒或疾病等，致使灾民饿死或病死。
- ★ 洪水冲毁、淹没农田，导致农作物减产甚至绝收。
- ★ 洪水泛滥，引起传染病（如霍乱、伤寒、痢疾、病毒性肝炎等）的流行，尤其是肠道传染病的流行。

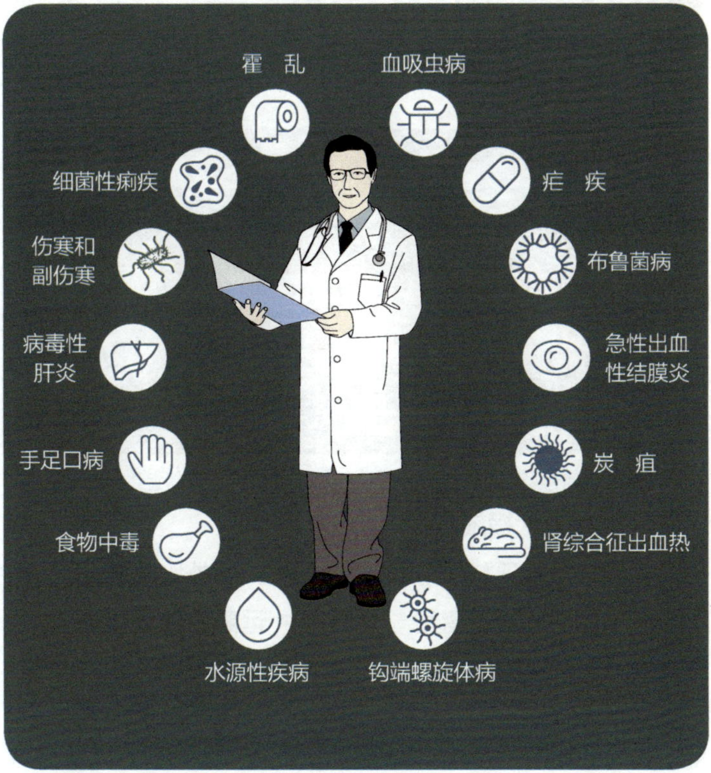

洪水来了怎么办？

第一篇

- 霍乱
- 血吸虫病
- 疟疾
- 布鲁菌病
- 急性出血性结膜炎
- 炭疽
- 肾综合征出血热
- 钩端螺旋体病
- 水源性疾病
- 食物中毒
- 手足口病
- 病毒性肝炎
- 伤寒和副伤寒
- 细菌性痢疾

农村常见自然灾害应对与自救知识手册

洪水来临前有哪些应对措施？

汛期六大措施：

- 修好屋顶防漏雨
- 畅通水道防堵塞
- 关闭电源防伤人
- 减少外出防意外
- 远离山体防不测
- 收听天气预报，关注天气变化

洪水来了怎么办？

洪水暴发时应如何自救？

★ 洪水到来时，事先来不及转移的人应就近迅速向山坡、高地、高楼、高树、避洪台等相对安全的地方转移。

★ 充分利用准备好的救生器材逃生，或者迅速找一些门板、桌椅、木床、大块的泡沫塑料等能漂浮的材料，扎筏逃生。

如已在水中，则要紧抓住固定物或漂浮物不放手。

洪水来了怎么办？

★ 如果已经被洪水包围，要设法尽快拨打当地政府防汛部门电话或拨打119、110告知灾情，或者是尽快与亲朋好友取得联系，报告自己的方位和险情，积极寻求救援。

★ 远离电线杆、电视塔，以及泥坯房、地下通道等。

洪水来了怎么办?

★ 远离河道、溪流等,以防山洪暴发。

洪水过后怎么做？

★ 洪水过后，要做好各项卫生防疫工作，如喷洒消杀药物（如1%的84消毒液等），预防疫病的流行。

洪水来了怎么办？

- ★ 用有效氯含量为250~500毫克/升的含氯消毒剂浸泡衣服、棉被、枕头等至少30分钟，将其充分消毒后再清洗干净，并在天气晴朗的时候放到室外暴晒。

- ★ 在家庭用具上喷洒有效氯含量为500~700毫克/升的含氯消毒剂或0.2%~0.5%的过氧乙酸溶液，将其充分消毒后，再用清水擦拭干净。餐具可采用煮沸消毒法来消毒。

农村常见自然灾害应对与自救知识手册

★ 洪灾会造成大量家畜、家禽死亡,这些动物的尸体必须及时清理、掩埋或焚烧,以免腐败后滋生大量细菌,危害人体健康。

第二篇

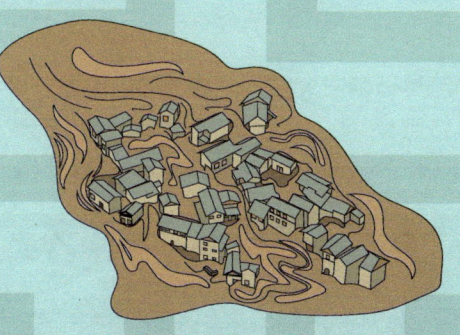

泥石流来了怎么办?

什么是泥石流？

泥石流，是指在山区或者其他沟谷深壑、地形险峻的地区，突然暴发的饱含大量泥沙和石块的特殊山洪。

泥石流具有暴发突然，来势凶猛、迅速，破坏力大等特点。

泥石流引发的常见危害有哪些?

 第二篇

对居住区的危害 ★

泥石流最常见的危害之一,是冲进乡村、城镇,摧毁房屋,淹没人畜,毁坏土地,甚至造成村毁人亡的灾难。

对公路、铁路的危害 ★

泥石流可直接埋没铁路、公路,摧毁路基、桥梁、涵洞等设施,还可致使正在运行的火车、汽车翻倒,造成重大人身伤亡事故。

泥石流来了怎么办?

对水利、水电工程的危害 ★

泥石流可冲毁水电站、引水渠道及过冲沟处建筑物，淤埋水电站尾水渠，以及淤积水库等。

对矿山的危害

泥石流可摧毁矿山及其设施,淤埋矿山坑道,伤害采矿人员,造成停工停产,甚至使矿山报废。

遇到泥石流时应如何自救?

- ★ "人往高处走,勿往低处跑。"泥石流发生后,应立即向沟谷两侧山坡或高地跑,同时还要注意避开从高处滚落的山石。

- ★ 不可停留在低洼处,也不能往河沟下游走,因为泥石流是向低处流动的。

- ★ 既不可爬到树上,也不可躲在滚石和大量堆积物的下方区域。

★ 丢掉行李等累赘，轻装上阵。也就是说，要丢弃一切会影响逃生速度的物品。

第三篇

地震来了怎么办?

什么是地震？

地震，是地壳快速释放能量过程中造成振动，期间会产生地震波的一种自然现象。

据统计，地球上每年发生 500 多万次地震，而当前的科技水平还没有办法精准预测地震的发生。

地震引发的常见危害有哪些？

地震常常造成严重的人员伤亡，引起火灾、水灾、有毒气体泄漏等灾害，甚至可能造成海啸、滑坡、崩塌等次生灾害。

地震发生有什么前兆？

★ 地下水出现异常现象，如冒泡、发浑、升温、变味，以及突然枯竭或喷涌等。

★ 动物出现异常，如冬蛇出洞、猪牛羊跳圈、鱼群乱跳、猫狗惊逃、老鼠搬家等。

★ 出现地光（即地震时人们可用肉眼观察到的天空发光的现象）和地声（即地震发生时，一小部分地震波能量传入空气变成声波而形成的声音）等异常现象。

地震逃生的"十大法则"是什么?

★ 地震时如果正在室内,应躲在桌子、床等坚固结实的家具下面。

室内较安全的避震空间:
- 承重墙墙根、墙角。
- 有水管、暖气管道等的区域。

★ 感觉到摇晃时,立即关闭火源和切断电源。一旦失火,要立即灭火。

切断电源

地震来了怎么办?

第三篇

★ 不要慌慌张张地向户外跑,以免被碎玻璃、广告牌等砸中而受伤。

★ 在户外时,一定要保护好头部,选择开阔地蹲下或趴下,不要随便返回室内。

★ 在百货商场、剧场等公共场所时，要遵照保安人员、急救人员等现场工作人员的指示行动。

地震来了怎么办?

★ 如果正在驾驶汽车,要立即靠边停车,让出道路的中间部分。

⚠ 注意:交通管制区域禁止除抗震救灾、应急抢险、运送救灾物资以外的其他社会车辆驶入!!!

★ 居住在山区的人,务必关注山崩、断崖落石等现象的发生;居住在海边的人,务必关注海啸的发生。

地震来了怎么办?

★ 逃生时绝对不能骑自行车或者是驾驶汽车,而是要徒步避难,并且将随身携带的物品减到最少。

★ 不要听信谣言,不要轻举妄动。根据收音机、手机等收到的防灾机构(如消防、武警等)发布的信息,冷静采取行动。

现在播报灾情……

第四篇

火灾来了怎么办？

什么是火灾？

火灾，是指在时间上或空间上失去控制的灾害性燃烧现象。火灾是最经常、最普遍地威胁公众安全和社会发展的主要灾害之一。

火灾引发的常见危害有哪些？

第四篇

- ★ 毁坏财物，造成巨大的财产损失。
- ★ 造成大量人员伤亡。
- ★ 破坏生态平衡。
- ★ 引起不良的社会影响和政治影响。

农村为什么频发火灾？

★ 烧荒经常引发火灾，如村民在田地焚烧秸秆、树叶等。

★ 电线杆或电器线路老化、短路，从而引发火灾。

★ 不慎引发火灾，如孩童玩火不慎、生活用火不慎等。

烧荒引发火灾

火灾来了怎么办?

线路老化引发火灾

什么是火灾防控"三规范"？

防火安全规范 ★

- ★ 不乱扔未熄灭的烟头或其他火种。
- ★ 不躺在床上或沙发上吸烟，尤其是在酒后或疲劳时。
- ★ 教育孩童不要玩火，并将打火机等物品放在孩童拿不到的地方。

火灾来了怎么办？

第四篇

★ 使用电熨斗、电吹风等家用电热器具时，人切勿离开。

★ 不在楼道、小院里堆放杂物，以免引发火灾，堵塞消防通道。

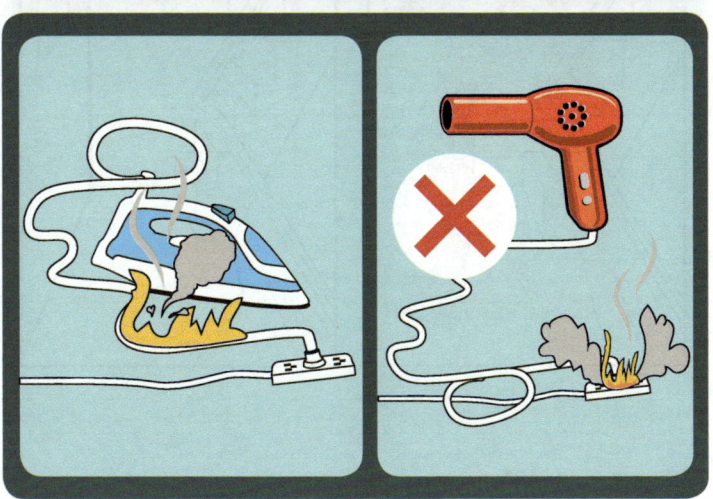

农村常见自然灾害应对与自救知识手册

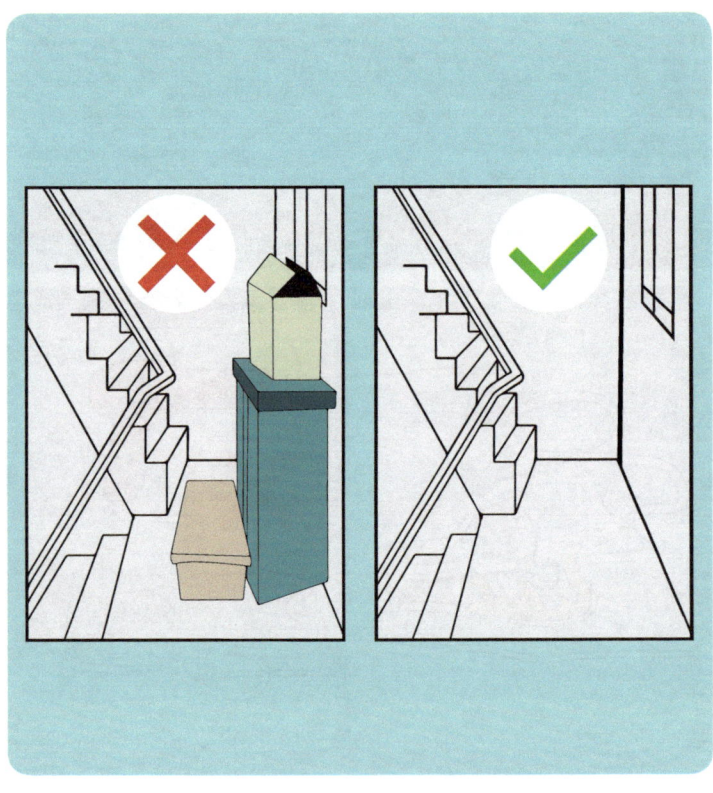

火灾来了怎么办？

用电安全规范

★ 不乱接电源，不乱接电线，不超负荷用电，不安装不合规格的保险丝，等等。

★ 经常检查电气线路、配电设施、电源插头等，如果发现有松动和发热的情况，就要及时更换或加固。

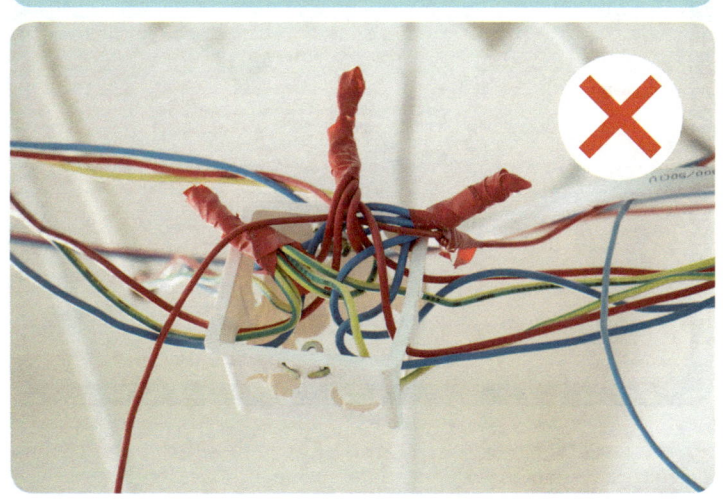

★ 出远门前，务必关闭家中所有电源，尤其要注意关掉电热毯开关、拔下插在电源中的充电器等，因为电源长期蓄热容易引发火灾。

⚠ 注意：如果电器设施起火，应及时拉下电闸、切断电源，火势小时可以用湿棉被封闭窒息灭火。

火灾来了怎么办?

燃气安全规范

★ 使用燃气炉时,要随时有人在旁看管。

★ 不得擅自拆改、安装燃气设施和用具。要经常检查燃气灶具及其管道。

★ 一旦发现燃气泄露,应立即打开门窗,关闭燃气开关,同时报告相关部门。不要打开任何带火的用具(如打火机等)或电器。

★ 如果油锅起火,不能用水扑救。应立即关闭燃气阀门,盖上锅盖或用湿布覆盖油锅,还可以放入蔬菜。

火灾来了怎么办?

你了解这些防火小常识吗?

★ 严禁孩童随意玩火。

★ 用火工具切忌胡乱摆放。

火灾来了怎么办?

★ 全面清理房前屋后可燃杂物,如麦草堆、秸秆堆等,防止不慎失火。

★ 做饭时,灶边不能离人。

★ 严禁乱倒火灰(如柴灰、灶灰、煤灰等),防止"死灰复燃"。
（正确做法：用水泼灭余火后,将火灰倒于无易燃物、可燃物的安全区域。）

★ 按规范建造烟囱,烟囱周围不得堆放可燃物、易燃物。

规范建造烟囱

火灾来了怎么办?

第四篇

★ 烤火取暖时,严禁使用汽油、煤油、酒精等易燃物来引火。

★ 火炉周围不要堆放可燃物。切勿拿取暖器来烘烤衣物。

严禁用汽油、煤油、酒精等易燃物来引火

★ "星星烟头火，可成燎原势。"草地、草堆旁严禁吸烟和乱扔烟头。

草堆旁严禁吸烟

火灾来了怎么办?

★ 种植场、养殖场等地须强化安全用火、安全用电管理工作，严格遵守用电规范，确保塑料薄膜、稻草帘等易燃物与供热管道、用电线路保持安全距离。

★ 切忌随意丢弃、堆放农用废弃物，切忌乱堆乱放农药、肥料。农药、肥料的包装袋和废旧塑料薄膜等农用废弃物如果长期丢弃于田间地头、道路屋边，不仅极易招来火灾，还会污染环境。

生活中遇到火灾时应如何自救？

★ 一旦发生火灾，及时拨打 119 消防报警电话，告知自己的准确方位。

★ 保持镇静，条件允许的话，迅速有序撤离火灾发生地。**尤其要注意，火灾逃生时要善用应急通道或安全通道，千万不能乘坐电梯！！！**

发生火灾时不能乘坐电梯

火灾来了怎么办？

★ 打湿毛巾、手帕或衣物等捂住口鼻，匍匐前行。

★ 不贪财物，不入险地。

★ 逃生无路时，关紧迎火门窗，利用其他对外窗户或阳台向外呼救。

烟雾密，打湿巾，捂口鼻，匍匐行

★ 哪怕火势较大或火源较近,也切勿惊跑,更不要轻易跳楼逃生。

遇到森林火灾时应如何自救？

★ 周边有水的话，打湿毛巾、手帕等来捂住口鼻，将衣服打湿后再穿上。

★ 冷静判别火势大小和火燃烧的方向，逆风逃生，切不可顺风逃生。

★ 若不能及时逃离火灾现场，应选择附近没有可燃物的平地卧倒避烟。切不可选择在低洼地或坑、洞等容易沉积烟尘的地方躲避火灾。

★ 如果起火点在半山腰，要快速向山下跑，切忌往山上跑。

★ 顺利逃离火灾现场后，千万不能大意，在火灾现场附近休息时要防止蚊虫、蛇、毒蜂及野兽等的侵袭。